Alminda Fernandez
John Paul Matuguinas

Crescimento melhorado da bananeira 'Lakatan' com o estimulante Bioforge

Alminda Fernandez
John Paul Matuguinas

Crescimento melhorado da bananeira 'Lakatan' com o estimulante Bioforge

ScienciaScripts

Imprint

Any brand names and product names mentioned in this book are subject to trademark, brand or patent protection and are trademarks or registered trademarks of their respective holders. The use of brand names, product names, common names, trade names, product descriptions etc. even without a particular marking in this work is in no way to be construed to mean that such names may be regarded as unrestricted in respect of trademark and brand protection legislation and could thus be used by anyone.

Cover image: www.ingimage.com

This book is a translation from the original published under ISBN 978-3-659-82627-6.

Publisher:
Sciencia Scripts
is a trademark of
Dodo Books Indian Ocean Ltd. and OmniScriptum S.R.L publishing group

120 High Road, East Finchley, London, N2 9ED, United Kingdom
Str. Armeneasca 28/1, office 1, Chisinau MD-2012, Republic of Moldova, Europe
Printed at: see last page
ISBN: 978-620-8-22190-4

RECONHECIMENTO

Os autores expressam o seu sincero apreço e gratidão aos seguintes:

Aos membros do painel, Dr. Cesar Limbaga, Jr. e Prof. Reynaldo S. Duran, pelos seus valiosos contributos para a realização do estudo;

Ao corpo docente e à administração da University of Southeastern Philippines, campus de Tagum-Mabini, pela aprovação e assistência durante o estudo;

À Stoller USA and Philippines Inc. pela ajuda financeira que tornou possível o estudo;

Os autores também agradecem sinceramente à sua família, amigos e parentes pelo apoio total.

SAUDAÇÕES!

ÍNDICE DE CONTEÚDOS

RESUMO

Este estudo foi realizado na área de viveiro da USeP, Campus Tagum-Mabini (Unidade Mabini), de novembro de 2014 a janeiro de 2015. O estudo teve como objetivo determinar os efeitos do Bio-Forge no desempenho do crescimento de bananeiras 'lakatan' *(Musa acuminata)* cultivadas em tecido em condições de viveiro; determinar a melhor combinação de tratamento que aumentará o desempenho do crescimento de bananeiras 'lakatan' cultivadas em tecido; e determinar os benefícios económicos da utilização do Bio-Forge em bananeiras 'lakatan' cultivadas em tecido.

O estudo foi realizado em um delineamento aleatório completo (CRD) com sete tratamentos e replicado três vezes com oito amostras por réplica. Os tratamentos foram: T1- Controle (Sem Aplicação); T2- Prática Convencional (PC) (5 gramas de N-P-K a cada 15 dias); T3- Bio-Forge (aplicação foliar de 5 ml/litro de água); T4- PC + Bio-Forge (0.125 gramas de N-P-K + 5 ml de Bio-Forge/litro de água); T5- CP + Stimulate (5 gramas de N-P-K + 10 ml de Stimulate/litro de água); T6- Bio-Forge + Stimulate (5 ml de Bio-Forge/ L. de água + 10 ml de Stimulate/litro de água); T7- CP+ Bio-Forge+ Stimulate (5 gramas de N-P-K + 5 ml de Bio-Forge/litro de água + 10 ml de Stimulate/litro de água). Todos os dados foram analisados através da Análise de Variância (ANOVA) e as diferenças entre os tratamentos foram calculadas através do teste de Honest Significant (HSD).

Os resultados do estudo revelaram que a percentagem de sobrevivência e o diâmetro do pseudocaule aos 15 dias após a plantação (DAP) não foram significativamente afectados pelos diferentes tratamentos. Altura da planta, comprimento das folhas, largura das folhas, diâmetro do pseudocaule (30 e 45), número de folhas, comprimento e número de raízes, peso fresco e seco aos 15, 30 e 45 DAP têm efeitos significativos.

T7- (Prática Convencional + Bio-Forge + Stimulate) aumentou significativamente a altura da planta em 7 vezes, a largura das folhas em 3 vezes, o diâmetro do caule em 6 vezes, o número de raízes em 3 vezes, o peso fresco em 17 vezes, que foram comparáveis com T6- (Bio-Forge + Stimulate), T5- (CP + Stimulate), T4- (CP + Bio-Forge) e T3- (Bio-Forge).

T3 (Bio-Forge) teve o maior aumento de comprimento de folha em 10 vezes, comprimento de raiz em 100% que é comparável a T5- (CP + Stimulate), T6- (CP + Stimulate) e T7- (CP + Bio-Forge + Stimulate). Enquanto T4- (CP + Bio-Forge) teve o maior peso seco em 28 vezes, o que também é comparável a T3 (Bio-Forge), T5 (CP + Stimulate), T6 (Bio-Forge + Stimulate) e T7- (CP + Bio-Forge + Stimulate).

INTRODUÇÃO

A banana e o plátano (*Musa sp.*) *são* os principais alimentos de base para muitos milhões de pessoas nas regiões tropicais húmidas e sub-húmidas. O comércio de exportação de bananas ascende a cerca de sete milhões de toneladas, o que indica que a cultura é principalmente cultivada como cultura alimentar para consumo local e exportação.

A banana é uma importante fonte de rendimento para os pequenos agricultores, que constituem 75% dos produtores de banana entre as 80 diferentes cultivares de banana das Filipinas, Lakatan, Latundan, Bungulan e Saba, que são popularmente cultivadas para o mercado local.

A banana tem um grande significado; o fruto é composto principalmente por água e hidratos de carbono, que fornecem energia ao corpo humano. A colheita de frutos verdes contém mais amido e menos açúcar do que os frutos maduros. Contém 11 vitaminas, entre as quais as vitaminas A, B e C.

Atualmente, a Lakatan é considerada como uma das cultivares de banana mais importantes no mercado nacional e de exportação, além disso, é a principal cultura frutícola em termos de volume, área e valor da produção, com um rendimento médio nacional de 9,4 toneladas/ha. (http://www.pcarrd.dost.gov.ph).

As bananas comestíveis não formam sementes e são propagadas vegetativamente. Nas Filipinas, os agricultores utilizam tradicionalmente os rebentos de espada como material de plantação. Estes materiais de plantação são muito procurados durante o período em que a maioria dos agricultores replanta os seus pomares ou explorações agrícolas em cada estação para ajustar o período de colheita ao mercado local ou à exportação. No entanto, uma desvantagem deste método é que a doença pode ser retida nos rebentos, causando perda de produtividade na nova bananeira. Através da cultura de tecidos, as plantas podem estar livres de vírus, fungos, bactérias, nemátodos e agentes patogénicos (Mwinga, W. 2006).

A técnica de cultura de tecidos desenvolvida por Damasco e Barba (1984), como citado por Sim (2012), foi posteriormente modificada para sustentar e tornar-se um sistema de propagação in vitro economicamente viável para a bananeira. Esta tecnologia foi desenvolvida com o objetivo de produzir plantas altas e livres de doenças para áreas vastas. Além disso, as plantas derivadas da cultura de tecidos tiveram um desempenho muito melhor em termos de crescimento, vigor e rendimento.

Assim, as bananeiras 'Lakatan' estão agora a ser produzidas em massa através de cultura de tecidos para aumentar o seu material de plantação e satisfazer a procura crescente. No entanto, ainda é necessário melhorar as práticas de viveiro, como a fertilização, para obter a produção máxima destas plântulas cultivadas em tecidos.

Bio-Forge® melhora a emergência das plântulas. É uma formulação concentrada de BioForge com ácido húmico adicional para assegurar o desenvolvimento precoce das raízes e a proteção contra o stress das plantas jovens, especialmente o stress associado aos solos frios da primavera ou às condições de alagamento. Bio-Forge ST promove a nodulação das raízes e a atividade dos nódulos nas leguminosas. Além disso, assegura o crescimento contínuo de novas raízes para uma absorção eficiente de nutrientes, especialmente azoto. Em geral, Bio-Forge ST melhora o equilíbrio das hormonas de crescimento das plantas para uma viabilidade celular contínua e um funcionamento ótimo da planta durante toda a sua vida (www.stollerusa.com).

Por conseguinte, este produto foi testado no desempenho do crescimento de plântulas de bananeira 'Lakatan' cultivadas em tecido em condições de viveiro.

Objectivos do estudo:

1.   Determinar os efeitos do Bio-Forge no desempenho do crescimento de plântulas de bananeira 'Lakatan' em cultura de tecidos; e

2.   Determinar a melhor combinação de tratamentos para aumentar o desempenho de crescimento de plântulas de bananeira 'Lakatan' cultivadas em tecido.

Banana em cultura de tecidos

Fernando (2012), citado por Sin (2012), afirmou que a importância da banana na nossa dieta não pode ser negligenciada em termos de propriedades nutricionais e medicinais. Reconheceu-se que a banana tem um elevado teor de potássio (400 gramas por 100 gramas). Os frutos ricos em potássio ajudam o corpo a perder sódio, que é responsável pelo aumento da tensão arterial. A administração de alimentos e medicamentos dos Estados Unidos autorizou os produtores de bananas a afirmarem que a banana pode reduzir os casos de tensão arterial elevada e de acidente vascular cerebral devido ao seu elevado teor de potássio e aos baixos níveis de sódio.

De acordo com Frison e Shamrock (1998), citados por Santillan (2009), as bananas são cultivadas em mais de 100 países nas regiões tropicais e subtropicais do mundo, onde constituem uma das principais culturas alimentares de base para milhões de pessoas, para além de constituírem uma valiosa fonte de energia. São também ricas em vitaminas A, B^6 e C. Além disso, com o aumento da urbanização, as bananas estão a tornar-se mais importantes como culturas de rendimento e, nalguns casos, constituem a fonte de rendimento da população rural. Assim, desempenham um papel importante na redução da pobreza (Fernando, 2012).

PCAARRD (2982), citado por Santillan (2009), afirma que as técnicas de rebentação desenvolvidas para a propagação rápida de cormos isentos de doenças podem produzir cerca de duas plântulas em nove meses. Por outro lado, os meios convencionais de propagação podem produzir apenas dois a cinco rebentos de uma planta-mãe em nove a treze meses. As bananas derivadas micropropagadas "Lakatan" e "Saba", cultivadas sob uma gestão de produção adequada, florescem mais cedo e produzem uma mão mais pesada. A banana cultivada em tecido apresenta taxas de sobrevivência muito elevadas no estabelecimento no campo e produz mais rebentos em comparação com os materiais de plantação tradicionais. Além disso, como mencionado, a cultura de tecidos de bananeira proporciona uma taxa de sobrevivência muito elevada após a plantação, o que resultará num povoamento uniforme da cultura (PCAARRD, 2002).

A capacidade de estabelecer e manter organismos vegetais (embrião, rebento, raiz e flor); e tecidos vegetais (células, calos e protoplastos) em cultura asséptica e de regenerar novas plantas a partir deles é o resultado de investigação básica e aplicada em laboratórios científicos (Botânica, Fitopatologia e Genética). Estes procedimentos separados foram coletivamente designados por cultura de tecidos e órgãos, cultura in vitro, micropropagação e são ferramentas básicas da biotecnologia vegetal.

As plantas de cultura de tecidos necessitam de aclimatação ou endurecimento antes de serem transferidas para o campo aberto. A aclimatação é necessária porque existe uma grande diferença entre os ambientes de laboratório e de campo. Nos vasos de cultura, as plantas in vitro estão expostas a humidade elevada, modo de nutrição heterotrófico, elevada concentração de etileno e temperatura constante, condições que levam ao desenvolvimento de plantas com cera epicuticular, baixa densidade estomática e mau funcionamento dos estomas, o que torna estas plantas mais vulneráveis à mortalidade em condições de campo. Para evitar esta mortalidade, é necessário endurecer ou aclimatar as plantas de cultura de tecidos.

Além disso, manter o rebento em crescimento ativo é importante porque a aclimatação e o desenvolvimento de condições autotróficas dependem do novo crescimento após a transferência do ambiente do tubo de ensaio. Imediatamente após o transplante, a micropropagação enraizada deve ser mantida em condições húmidas, expondo-a gradualmente às condições exteriores para evitar a desidratação (USEP Banana Tissue Culture Laboratory Manual, 2010).

As técnicas de rebentos desenvolvidas para a propagação rápida da bananeira fornecem cormos isentos de doenças que podem produzir cerca de 400 plântulas em 9 meses. Por outro lado, os meios convencionais de propagação podem produzir apenas 2 a 3 rebentos da planta-mãe em 9 a 13 meses. Os derivados micropropagados lakatan, saba e bungulan crescem sob uma gestão de produção adequada. Florescem mais cedo, produzem cachos mais pesados, têm mais mãos por cacho e têm mãos mais pesadas. Na saba, os cachos da primeira flor podem pesar até 21 kg. As plântulas derivadas da cultura têm uma taxa de sobrevivência mais elevada no estabelecimento no campo e produzem mais rebentos em comparação com os materiais de plantação tradicionais. As plantas são mais uniformes em altura e crescimento (PCARRD, 1982).

A técnica de cultura de tecidos foi posteriormente modificada para sustentar um sistema de propagação in vitro economicamente viável para a bananeira (Damasco e Barba, 1984 como citado por Payot, 2002 e Paragoso, 2014). Tradicionalmente, os rebentos ou cormos são os únicos materiais de plantação utilizados na produção de bananas. São plantados no campo preparado e o seu novo baixo custo tornou rentável a produção de "lakatan".

Mais tarde, doenças como o vírus do topo do cacho da bananeira, a doença do moko e a murcha de fusarium tornaram-se um problema. A utilização de materiais tradicionais de plantação de rebentos ou de cormos não garante a segurança contra as doenças acima referidas, mesmo que sejam plantados num campo recentemente aberto. No entanto, uma solução encontrada para resolver este problema é a produção de plântulas em cultura de tecidos. Seguindo corretamente o protocolo, as plântulas produzidas por cultura de tecidos estão garantidamente isentas de doenças. Se forem bem geridas e cuidadas, as plantas propagadas in vitro darão muito provavelmente uma cultura mais saudável e de crescimento mais rápido, o que dará um rendimento mais elevado e acabará por ser mais rentável do que as culturas convencionais cultivadas com rebentos ou cormos (USEP Banana Tissue Culture Laboratory Manual, 2010).

Nas últimas décadas, o acontecimento mais dramático que afectou a produção de bananas e plátanos foi o aparecimento e a propagação de formas mais virulentas da doença da mancha foliar da Sigatoka. A Sigatoka negra ou mancha foliar negra é agora pantropical e tornou-se o principal obstáculo à expansão do cultivo de Musa comestível. O aparecimento de raças do agente patogénico da murchidão de Fusarium que atacam cultivares anteriormente consideradas resistentes apresenta mais um problema para a cultura. Nos últimos anos, a murcha de Fusaruim da bananeira causada por *Fusaruim oxysporum* f. sp. *cubense* (raça 4) atingiu proporções de crise na grande produção de banana. Uma vez que os rebentos utilizados para a plantação devem ser obtidos de zonas indemnes da doença, isto está a tornar-se cada vez mais difícil devido à natureza generalizada da doença. É utilizada uma técnica de cultura de meristemas para induzir a formação de gemas adventícias a partir do ápice decapitado do rebento do rebento e, consequentemente, foi desenvolvida para a propagação em massa de plântulas isentas da doença para plantação à escala comercial. O cultivador típico deve considerar a cultura de tecidos por duas razões: a produção em massa e o estabelecimento e/ou manutenção de um stock "livre de vírus". Outras utilizações incluem a hibridação somática (fusão de protoplastos), a indução e seleção de mutantes e a biossíntese de produtos secundários.

Lockhart (1998) mencionou que a doença mais grave da bananeira que afecta significativamente o rendimento, especialmente em Lakatan, é a doença do cacho. Como resultado, a planta fica anã. Numa fase posterior, as folhas são erectas e amarelas, e as plantas infectadas produzem frutos não comercializáveis. Para ultrapassar este fenómeno, a utilização de plântulas de cultura de tecidos é a única forma segura, porque não só estão livres de agentes patogénicos, como têm uma taxa de sobrevivência mais elevada nos campos e reduzem o custo das doenças foliares em 50% (Shein-Chuan e Hwang-Jime).

Além disso, a plantação de Lakatan em áreas propensas a tufões e secas não é rentável (PCARRD citado por Ignacio e Pascua, 1998).

Importância económica

As bananas são o principal fruto do comércio internacional e o mais popular do mundo. Em termos de volume, são o primeiro fruto exportado e, em termos de valor, ocupam o segundo lugar, a seguir aos citrinos. A banana é um produto de base muito delicado por razões económicas, sociais e políticas.De acordo com a Organização das Nações Unidas para a Alimentação e a Agricultura (FAO), as exportações mundiais totais de bananas ascenderam a 16,8 milhões de toneladas em 2006. As bananas são também um produto de base muito importante para muitos países em desenvolvimento, juntamente com o trigo, o arroz ou o milho, daí a importância das bananas para a segurança alimentar. Alguns dos principais países produtores de bananas, como a Índia ou o Brasil, quase não participam no comércio internacional. A parte do comércio de bananas na produção mundial aumentou ligeiramente de cerca de 18% nos anos sessenta e setenta para mais de 22% nos anos noventa e 2000.A banana é uma cultura mundialmente importante, com uma produção anual de 97,5 milhões de toneladas, das quais 4% provêm das Filipinas. Nas Filipinas, de 1994 a 1998, a banana ocupou o primeiro lugar na lista das exportações de fruta, contribuindo com 51,82% do valor total de mercado e cerca de 40 mil pessoas obtêm diretamente os seus rendimentos de várias indústrias de bananas, enquanto cerca de um milhão são indiretamente, mas positivamente, influenciadas por elas (Bajet e Magnaye 2002). Constitui 73% do consumo de fruta dos consumidores e prevê-se que aumente com o crescimento da população (PCARRD, 1988). Do ponto de vista nutricional, as bananas contêm nutrientes que aumentam os níveis de energia e são boas para o coração e para a funcionalidade normal dos músculos (PCARRD, 2007).

Práticas de cultivo de bananas em cultura de tecidos

Meios de envasamento

O meio de envasamento é composto de pó de coco e vermicast na proporção de 8;2. O meio de envasamento é regado antes da plantação para assegurar uma humidade adequada para a recuperação das plantas do choque do transplante. Uma pitada de inóculos de fungos micorrizas vesiculares arbusculares (VAM) (comprados no Departamento de Agricultura) é aplicada basalmente. Os inóculos devem ser cobertos por uma camada fina do meio de envasamento.

Plantação

As meriplantas são plantadas diretamente no saco com água. Deve-se ter cuidado para não danificar as pequenas e frágeis raízes durante a plantação. Faz-se um buraco de profundidade e tamanho adequados no meio do saco, onde as meriplantas são inseridas. O buraco é então tapado pressionando suavemente o substrato para baixo com os dedos polegar e indicador de ambas as mãos, certificando-se de que há um bom contacto entre o substrato e as raízes das plantas.

Gestão de viveiros

As plântulas são regadas logo após a plantação. A rega é feita suavemente durante 10 dias ou com base nas necessidades. Demasiada água é tão mau como pouca água. Os rebentos seguintes são retirados 3 semanas após a plantação. Os rebentos são transferidos para outros sacos. As ervas daninhas são removidas à mão. É feita uma monitorização regular da presença de pragas de insectos e doenças. (Manual de Laboratório de Cultura de Tecidos de Banana da USEP, 2010).

Bio-Forge

Bio-Forge é um potenciador de rendimento que reduz o stress e que regula os principais genes associados à tolerância ao stress e ao desenvolvimento das raízes. Bio-Forge torna as culturas e as plantas mais fortes numa série de condições de stress.

Bio-Forge é extremamente flexível e pode ser utilizado como tratamento de sementes, como iniciador em sulco ou como aplicação foliar com glifosato ou com aplicações tardias de fungicidas. O desequilíbrio das hormonas de crescimento das plantas em qualquer altura pode reduzir irreversivelmente a expressão genética. Os factores de stress das culturas, como as temperaturas extremas, as condições de seca e a humidade excessiva, podem ter um impacto negativo nos equilíbrios hormonais e provocar a paragem do desenvolvimento das raízes e o aumento da produção de etileno. Trabalhando em conjunto com boas práticas agrícolas, BioForge® garante a saúde das plantas em situações de stress, regulando genes específicos associados ao desenvolvimento das raízes e à produção de etileno para permitir uma melhor absorção de nutrientes, resultando em melhores rendimentos. (www.stollerusa.com).

Bio-Forge® é uma formulação patenteada de N, N' - diformil ureia, classificada como um antioxidante, e que demonstrou melhorar significativamente o crescimento numa variedade de culturas agrícolas, actuando a nível genético. Bio-Forge actua através da regulação positiva dos genes das principais vias antioxidantes da própria planta, bem como dos genes responsáveis pela produção de etileno e pelo crescimento das raízes (www.stollerusa.com).

A redução do etileno aumenta a tolerância à seca. O etileno é um gás produzido nas células para regular o movimento das hormonas. Produzido em quantidades normais, é um componente chave para o funcionamento correto das células. Em condições de stress, no entanto, o etileno pode ser produzido em excesso, causando morte celular prematura e danos às plantas. Bio-Forge® suprime o excesso de etileno a nível genético, regulando o gene Dreb1A, um gene que desempenha um papel na tolerância à seca. Ao induzir o gene principal regulador Dreb1A, um efeito em cascata, por sua vez, regula positivamente outros genes envolvidos na resistência à seca e a outros stresses ambientais (www.stollerusa.com/bioforgemoa).

Embora Bio-Forge reduza o excesso de etileno causado como reação ao stress, não afecta o etileno necessário ao funcionamento normal.

Melhoria da Viabilidade Celular Bio-Forge® demonstrou que regula melhor as quatro enzimas que protegem as plantas dos radicais livres prejudiciais que podem ocorrer em resposta à seca, lesões causadas por herbicidas e pesticidas, deficiências de nutrientes e temperaturas extremas.

Um melhor crescimento das raízes garante um equilíbrio hormonal ótimo e uma absorção eficiente dos nutrientes. As hormonas vegetais devem ser constantemente sintetizadas e reguladas no tecido meristemático (células da ponta da raiz) da planta. Manter e prolongar o crescimento saudável da ponta da raiz é fundamental para o equilíbrio hormonal ideal necessário para a expressão genética máxima.

Bio-Forge regula positivamente o gene RLS4, o gene responsável por melhorar o desenvolvimento das raízes. O crescimento contínuo das pontas das raízes ajuda a manter um nível saudável de hormonas vegetais durante todas as fases de crescimento. O crescimento contínuo da ponta da raiz também melhora a absorção de nutrientes. Os nutrientes são essenciais para a síntese de hormonas, a perceção dos níveis e necessidades hormonais, e também têm impacto na duração e no grau de atividade hormonal (www.stollerusa.com/learning).

O projeto SMaRT *(Soybean Management and Research Technology)*, uma parceria entre a Michigan State University Extension e o Michigan Soybean Checkoff, avaliou o efeito do Bio-Forge no rendimento da soja. O tratamento de sementes Bio-Forge e a combinação do tratamento de sementes Bio-Forge mais uma aplicação foliar Bio-Forge foram comparados com um controlo não tratado e com o fertilizante no sulco do produtor cooperante num local em 2012. O tratamento de sementes Bio-Forge também foi comparado com o tratamento de sementes Bio-Forge mais uma aplicação foliar Bio-Forge em dois locais. Em todos os locais, o tratamento de sementes Bio-Forge foi aplicado a 2 onças por 100 libras de sementes e o Bio-Forge foliar foi aplicado a 12 onças por acre na fase de crescimento. A combinação do tratamento de sementes Bio-Forge e uma aplicação foliar Bio-Forge aumentou o rendimento da soja em dois alqueires por acre em relação ao controle não tratado em um local em 2012 (http://www.msue.msu.edu.).

STIMULATE™

O Stimulate Yield Enhancer é um produto líquido compatível com a maioria das misturas de fertilizantes, fungicidas ou insecticidas. O produto contém uma combinação de 3 fitohormonas diferentes. Estas fitohormonas são a citocinina, o ácido giberílico e o ácido indol-3-butírico.

As três hormonas são necessárias para estimular a divisão celular, a diferenciação celular e a disposição das células em todas as posições da planta. É particularmente importante que a planta jovem tenha uma abundância destas fito-hormonas de forma a maximizar a divisão celular. É o número de células que uma planta pode sintetizar que determinará o tamanho da planta. Quanto mais células a planta sintetizar, maior será a planta, as raízes, o caule, as folhas e os frutos.

O Stimulate Yield Enhancer deve ser aplicado na zona de enraizamento da planta, quer através da sementeira no momento da plantação, quer através de água de transplante, rega gota a gota ou rega aérea. O valor máximo do Stimulate Yield Enhancer deve ser aplicado no solo. A taxa por acre é geralmente de 4 oz/acre (www.stollerusa.com).

MATERIAIS E MÉTODOS

Localização e duração do estudo

O estudo foi realizado na área do viveiro de investigação da Universidade do Sudeste das Filipinas, Campus Tagum-Mabini, Unidade Mabini, Mampising, Mabini, Província do Vale de Compostela, de novembro de 2014 a janeiro de 2015 (Anexo, Figura 1).

Tratamentos e conceção experimental

O estudo foi realizado em um delineamento inteiramente casualizado (CRD) com sete (7) tratamentos e replicado três (3) vezes. Cada tratamento foi composto por oito (8) plântulas. Nota: ([1st] Aplicação: 6-25 hrs. após o transplante; [2nd] aplicação: 7 dias após o transplante) tanto em 5ml de Bio-Forge como em 10ml de Stimulate).

Os tratamentos foram os seguintes:

T1- Controlo (Não tratado)

T2- Prática convencional (5 gramas de N-P-K de 15 em 15 dias)

T3- Bio-Forge (aplicação foliar de 5 ml/litro de água)

T4- CP + Bio-Forge (5 gramas de N-P-K + 5 ml de Bio-Forge/ litro de água)

T5- CP + Stimulate (5 gramas de N-P-K + 10 ml de Stimulate/ litro de água)

T6- Bio-Forge + Stimulate (5 ml de Bio-Forge + 10 ml de Stimulate/litro de água)

T7- CP+ Bio-Forge+ Stimulate (5 gramas de N-P-K + 5 ml de Bio-Forge/ + 10 ml de Stimulate/ litro de água)

Materiais

Foi utilizado no estudo um total de 180 plântulas de bananeira 'lakatan' cultivadas em tecidos e prontas para envasamento, provenientes do laboratório de cultura de tecidos do Campus USeP-Mabini. As ferramentas e o equipamento utilizados incluem sacos de polietileno (4x6"), pá, gancho para relva, bolo, paquímetro, régua, esferográfica e livro de registos para anotar os dados.

Gestão e práticas culturais

Preparação do local do viveiro

O viveiro foi preparado limpando a área e fornecendo uma sombra de rede para condicionar as plântulas.

Preparação do meio de envasamento

Os meios de envasamento utilizados foram a fibra de coco e o vermicast. Ambos foram pulverizados e devidamente misturados durante a operação de ensacamento, utilizando a proporção padrão dos meios de envasamento. O meio de envasamento era composto por 80% de coco e 20% de vermicast.

Envasamento

Para isso, as plântulas foram colocadas em sacos de polietileno de 4x6 polegadas.

Plantação

Um pedaço de bananeira 'lakatan' cultivada em tecido foi plantado por saco e regado imediatamente.

Aplicação de fertilizantes

A aplicação de adubo completo, na camada basal e lateral, foi efectuada de acordo com a prática convencional, duas semanas após a plantação.

Cuidados com as plântulas

As plântulas recém-transplantadas foram protegidas da luz solar direta através de uma rede de sombra. A sombra foi gradualmente removida até as plântulas sobreviverem à luz solar direta.

Rega

A rega foi feita logo após a plantação e, posteriormente, sempre que necessário, de manhã cedo e ao fim da tarde, para fornecer humidade suficiente para o crescimento e desenvolvimento das plântulas.

Monda

A monda foi mantida desde a plantação até ao fim. A monda foi efectuada à mão para garantir que o crescimento da banana 'lakatan' cultivada em tecido não fosse perturbado.

DADOS RECOLHIDOS

Percentagem de sobrevivência (%)

A percentagem de sobrevivência foi obtida através da contagem do número de plantas que sobreviveram aos 15 dias após a plantação, utilizando a seguinte fórmula

$$\text{Percentagem de sobrevivência} = \frac{\text{N.º de plantas sobreviventes}}{\text{N.º total de plantas de ensaio}} \times 100\%$$

Incremento da altura da planta (cm)

A altura da planta foi determinada medindo 5 plantas de amostra por tratamento. Esta foi medida desde a base até ao ponto de crescimento onde as folhas se cruzam. A medição foi efectuada com um intervalo de 15 dias utilizando uma fita métrica/régua e expressa em centímetros (cm). O incremento foi calculado subtraindo a altura final e a altura inicial.

Incremento no comprimento das folhas (cm)

O comprimento das folhas completamente desenvolvidas foi determinado através da medição de 5 amostras representativas de folhas por tratamento e por repetição. A medição foi feita com régua em intervalos de 15 dias. O incremento foi calculado subtraindo o comprimento final e o comprimento inicial.

Largura Incremento das folhas (cm)

A largura das folhas foi tirada da mesma amostra de folhas que foi obtida na medição do comprimento. A medição foi efectuada com uma régua em intervalos de 15 dias. O incremento foi calculado subtraindo a largura final e a largura inicial

Incremento do diâmetro do pseudocaule (cm)

O diâmetro do pseudocaule foi determinado através da medição de 5 amostras representativas por tratamento, com 15 dias de intervalo, utilizando um compasso de calibre vernier. A medição foi feita a partir da base do caule. O incremento foi calculado subtraindo o diâmetro final e o diâmetro inicial.

Número de folhas

O número de folhas foi determinado pela contagem de 5 amostras representativas por tratamento aos 15 dias. As folhas completamente desenvolvidas estavam a ser contadas antes da emergência.

Comprimento da raiz (cm)

O comprimento da raiz foi determinado medindo uma (1) amostra de planta por repetição e por tratamento, utilizando uma régua desde a base até à ponta das raízes primárias e expresso em centímetros

Número de raízes (cm)

O número de raízes foi retirado da mesma planta por tratamento em cada repetição. Isto foi feito através da contagem do número de raízes primárias por planta na mesma uma (1) amostra após o término e foi expresso em número de quantidade.

Peso fresco (gramas)

Na altura do termo, uma (1) amostra fresca de planta por repetição e por tratamento foi retirada e pesada ao acaso em cada parcela.

Peso seco (gramas)

No momento da conclusão, as plantas da amostra foram retiradas ao acaso de cada parcela, secas ao ar e pesadas. As plantas de amostra foram secas em estufa a 105^0 C durante 16 horas para remover completamente o seu teor de humidade e o peso foi expresso em gramas.

Análise estatística

A análise estatística dos diferentes dados recolhidos foi efectuada através da Análise de Variância (ANOVA) e as diferenças entre as médias dos tratamentos foram comparadas utilizando a Diferença Significativa Honesta (HSD).

RESULTADOS E DISCUSSÃO

Percentagem de sobrevivência (%)

A percentagem de sobrevivência de plântulas de bananeira 'lakatan' cultivadas em tecido aos 15 dias após a plantação (DAP) é apresentada no Quadro 1. Todas as plântulas cultivadas em tecido sobreviveram em todos os tratamentos. Isto implica que todas as plântulas cultivadas em tecidos da amostra têm uma elevada capacidade de sobrevivência.

Estes resultados coincidem com a afirmação de Abaniza (2008), citada por Ycot (2005), de que as plântulas cultivadas em tecidos proporcionam uma sobrevivência muito elevada após a plantação, o que resultará num povoamento uniforme.

Quadro 1. Percentagem de sobrevivência de plântulas de bananeira 'lakatan' cultivadas em tecido, afectadas pelo Bio-Forge.

TAMENTOS	TRA	REPLICAÇÃO		MEIO
		II	III	
T1- Controlo (sem tratamento)	100	100	100	100
T2- Prática convencional	100	100	100	100
T3- Bio-Forge	100	100	100	100
T4- CP + Bio-Forge	100	100	100	100
T5- CP + Estimular	100	100	100	100
T6- Bio-Forge + Stimulate	100	100	100	100
T7- CP + Bio-Forge + Estimular	100	100	100	100

Incremento da altura da planta (cm)

O quadro 2 apresenta os dados sobre o aumento da altura das plantas de bananeira 'lakatan' cultivadas em tecido, afectadas pelo Bio-Forge aos 15, 30 e 45 dias após a plantação (DAP). O resultado da análise estatística mostra efeitos altamente significativos aos 15, 30 e 45 DAP. (Apêndice Quadro 1a- 1f e Apêndice Figura 2).

Tabela 2. Incremento da altura da planta (cm) de plântulas de bananeira 'lakatan' cultivadas em tecido, afectadas pelo Bio-Forge aos 15, 30 e 45 dias após a plantação (DAP).

TRATAMENTO	15 DAP**	30 DAP**	45 DAP**
T1- Controlo (sem tratamento)	0.62^c	0.76^c	0.58^c
T2- Prática convencional	2.33^b	2.84^b	1.64^c
T3- Bio-Forge	3.97^a	4.90^a	3.44^{ab}
T4- CP + Bio-Forge	3.95^a	4.13^{ab}	4.15^a
T5- CP + Estimular	3.55^{ab}	4.23^{ab}	2.90^b
T6- Bio-Forge + Stimulate	3.75^a	4.30^{ab}	3.39^{ab}
T7- CP + Bio-Forge + Estimular	4.25^a	4.35^a	4.26^a
C.V (%) =	14.75	15.57	14.96

**= Altamente significativo

As médias na coluna com letra comum não são significativamente diferentes ao nível de 1% de probabilidade usando HSD.

Com base no resultado, o maior aumento na altura da planta foi observado em T7- Prática Convencional + Bio-Forge + Stimulate, que é até 7 vezes maior do que o T1- Controlo (Não tratado) aos 15, 30 e 45 dias após a plantação (DAP). T7- Prática Convencional + Bio-Forge + Stimulate tem os mesmos efeitos que T3- Bio-Forge e T4- CP + Bio-Forge, T5- CP + Stimulate e T6 Bio-Forge + Stimulate.

Enquanto o menor incremento em altura foi observado em T1- Controle (Sem tratamento) e T2- Prática Convencional aos 15, 30 e 45 dias após o plantio (DAP).

Resultados comparáveis também são observados entre T2- Prática Convencional e T5- CP + Stimulate aos 15 DAP; entre T2- Prática Convencional, T4- CP + Bio-Forge, T5- CP + Stimulate e T6- Bio-Forge + Stimulate aos 30 DAP; e entre T3- Bio-Forge, e T6- Bio-Forge + Stimulate aos 45 DAP.

Este facto coincide com os relatos de que o Bio-Forge tem um desempenho tremendamente bom no crescimento de qualquer cultura. Um ensaio de campo em algodão, soja e milho realizado pela Universidade do Estado de Iowa em março de 2009 mostra que a aplicação de Bio-Forge e Stimulate produz um melhor crescimento do povoamento e um melhor desempenho do vigor das raízes em qualquer tipo de stress. Contém micronutrientes que estimulam a produção de auxina, uma hormona gerada pela planta para desencadear o crescimento vegetativo.

Isto implica que o Bio-Forge e o Stimulate com a aplicação da Prática Convencional garantem um maior desempenho no crescimento das plantas.

O Bio-Forge tem a capacidade de libertar o poder da planta no seu potencial máximo, ao fornecer nutrientes importantes de que as plantas necessitam. Tem uma formulação patenteada de N,N' -

diformil ureia, classificada como um antioxidante, e demonstrou melhorar significativamente o crescimento numa variedade de culturas agrícolas, trabalhando a nível genético. O Bio-Forge actua através da regulação positiva dos genes das principais vias antioxidantes da própria planta. As Stimulate também melhora a divisão celular, a diferenciação celular, o alargamento celular, o crescimento das raízes e a utilização de nutrientes, o que resulta num aumento do rendimento, num melhor tamanho e qualidade dos frutos e num maior vigor (www.stoller.com).

Incremento no comprimento das folhas (cm)

Como se pode ver no quadro 3, o aumento do comprimento das folhas (cm) das bananeiras 'lakatan' cultivadas em tecido foi significativamente afetado pelos diferentes tratamentos aos 15, 30 e 45 dias após a plantação (DAP) (quadro 2a- 2f do apêndice).

Tabela 3. Incremento do comprimento das folhas (cm) de plântulas de 'lakatan' cultivadas em tecido, afetado pelo Bio-Forge aos 15, 30 e 45 dias após a plantação (DAP).

TRATAMENTO	15 DAP**	30 DAP**	45 DAP**
T1- Controlo (sem tratamento)	0.53[b]	0.71[c]	1.25[b]
T2- Prática convencional	1.72[bc]	4.22[b]	3.45[ab]
T3- Bio-Forge	4.94[a]	8.32[a]	8.67[a]
T4- CP + Bio-Forge	4.88[a]	6.76[ab]	7.08[ab]
T5- CP + Estimular	4.34[a]	6.85[ab]	6.26[ab]
T6- Bio-Forge + Stimulate	3.76[ab]	6.25[ab]	6.46[ab]
T7- CP + Bio-Forge + Estimular	3.17[ab]	6.56[ab]	6.15[a]
C.V. (%) =	24.86	20.00	36.47

* *= Altamente significativo

As médias na coluna com letra comum não são significativamente diferentes ao nível de 1% de probabilidade usando HSD.

Os dados mostraram que o maior aumento no comprimento das folhas, até 10 vezes mais, foi obtido no tratamento T3- Bio-Forge aos 15, 30 e 45 dias após o plantio (DAP). Resultados semelhantes também foram obtidos em T4- CP + Bio-Forge, T5- CP + Stimulate, e T6- Bio-Forge + Stimulate e T7- CP + Bio-Forge + Stimulate.

Estes dados coincidem com resultados anteriores conduzidos pela North Carolina State Univeristy em março de 2009 em Milho, em que a aplicação de Bio-Forge aumenta o rendimento em até 20 alqueires por acre.

A aplicação de Bio-Forge por si só aumenta e promove o comprimento das folhas de plântulas de bananeira 'lakatan' em cultura de tecidos.

Bio-Forge® tem uma formulação patenteada de antioxidante classificado (N, N' - diformil ureia), que melhora significativamente o crescimento numa variedade de culturas agrícolas, actuando a nível genético. Bio-Forge actua através da regulação positiva dos genes das principais vias antioxidantes da própria planta, bem como dos genes responsáveis pela produção de etileno e pelo crescimento das raízes (www.stollerusa.com).

Incremento da largura das folhas (cm)

O quadro 4 apresenta os dados sobre o aumento da largura das folhas de bananeiras 'lakatan' cultivadas em tecido, afectadas pelo Bio-Forge aos 15, 30 e 45 DAP. A Análise de Variância mostrou uma diferença altamente significativa entre os tratamentos (Tabelas 3a-3f do Apêndice).

Quadro 4. Incremento da largura das folhas (cm) de bananeiras 'lakatan' cultivadas em tecido, afectadas pelo Bio-Forge aos 15, 30 e 45 dias após a plantação (DAP).

TRATAMENTO	15 DAP*	30 DAP*	45 DAP*
T1- Controlo (sem tratamento)	0.90^b	1.03^c	0.31^b
T2- Prática convencional	1.06^b	1.71^{bc}	1.99^{ab}
T3- Bio-Forge	1.81^{ab}	4.66^a	2.68^{ab}
T4- CP + Bio-Forge	2.05^{ab}	3.45^{ab}	3.38^{ab}
T5- CP + Estimular	1.79^{ab}	3.19^{abc}	3.62^a
T6- Bio-Forge + Stimulate	2.16^{ab}	2.74^{abc}	5.15^a
T7- CP + Bio-Forge + Estimular	2.81^a	2.96^{abc}	4.62^a
C.V. (%) =	32.35	29.97	36.02

* = Significativo

* *= Altamente significativo

As médias na coluna com letra comum não são significativamente diferentes ao nível de 5% e 1% de probabilidade utilizando HSD.

Os resultados mostraram que o tratamento com Bio-Forge e Stimulate aumentou a largura das folhas. O maior incremento de largura aos 15 DAP foi obtido em T7- CP + Bio-Forge + Stimulate que não é significativamente diferente de T3- Bio-Forge, T4- CP + Bio-Forge, e T5- CP + Stimulate T6- Bio-Forge + Stimulate.

Enquanto T3- Bio-Forge obteve o maior incremento de largura aos 30 DAP, semelhante a T4- CP + Bio-Forge, T5- CP + Stimulate, T6- Bio-Forge + Stimulate e T7- CP + Bio-Forge + Stimulate. Ainda aos 45 DAP, T5- CP + Stimulate, T6- Bio-Forge + Stimulate e T7- CP + BioForge + Stimulate têm o maior incremento na largura das folhas, até 13 vezes mais, o que também é o mesmo que T2- Prática Convencional, T3- Bio-Forge e T4- CP + BioForge.

Este resultado corrobora o estudo realizado pela Universidade do Estado de Ohio em março de 2009, segundo o qual a aplicação de Bio-Forge na soja desencadeia a hormona natural das plantas (Auxina), o que pode resultar num crescimento vegetativo visível e no rendimento (www.stoller.com).

A combinação de Bio-Forge e Stimulate aumenta o tamanho da largura das folhas em plântulas de bananeira 'lakatan' cultivadas em tecidos.

O Bio-Forge tem um gene mestre dreb1A para tolerância à seca, tolerância ao sal, tolerância à geada e um aumento da expressão de genes relacionados com a tolerância ao stress. Os estudos fisiológicos indicam uma supressão muito boa da produção de etileno das plantas cultivadas em condições de stress abiótico ou biótico, o que pode proporcionar uma cultura saudável e de bom nível.

Incremento do diâmetro do pseudocaule (cm)

Conforme apresentado no Quadro 5, o incremento do diâmetro do pseudocaule das bananeiras 'lakatan' cultivadas em tecido foi significativamente afetado pelo Bio-Forge aos 15, 30 e 45 dias após a plantação (Quadros 4a-4f do Apêndice).

Tabela 5. Incremento do diâmetro do pseudocaule (cm) de plântulas de bananeira 'lakatan' cultivadas em tecido, afetado pelo Bio-Forge aos 15, 30 e 45 dias após a plantação (DAP).

TRATAMENTO	15 DAP[ns]	30 DAP*	45 DAP**
T1- Controlo (sem tratamento)	0.10	0.12^b	0.10^b
T2- Prática convencional	0.16	0.34^{ab}	0.10^b
T3- Bio-Forge	0.16	0.41^{ab}	0.22^b
T4- CP + Bio-Forge	0.26	0.36^{ab}	0.42^{ab}
T5- CP + Estimular	0.16	0.40^{ab}	0.41^{ab}
T6- Bio-Forge + Stimulate	0.23	0.42^{ab}	0.65^a
T7- CP + Bio-Forge + Estimular	0.23	0.48^a	0.74^a
C.V. (%) =	53.90	30.21	36.98

[ns]= Não significativo

* = Significativo

* *= Altamente significativo

As médias na coluna com letra comum não são significativamente diferentes ao nível de 1% e 5% de probabilidade utilizando HSD.

Os resultados mostraram consistentemente que o T7- CP + Bio-Forge + Stimulate aumentou o diâmetro do caule das bananeiras 'lakatan' cultivadas em tecido aos 30 e 45 dias após a plantação (DAP) até 6 vezes mais. Aos 30 DAP, o T7- CP + Bio-Forge + Stimulate é semelhante ao T2- Prática Convencional, T3- Bio-Forge, T4- Prática Convencional + Bio-Forge, T5- CP + Stimulate e T6- Bio-Forge + Stimulate. Enquanto que aos 45 DAP, T7- CP + Bio-Forge + Stimulate foi comparável com T4- CP + Bio-Forge, T5- CP + Stimulate e T6 Bio-Forge + Stimulate.

Este facto corrobora os resultados anteriores conduzidos pela Universidade A&M do Texas e pela Stoller Enterprise Inc. em 2010, segundo os quais a aplicação combinada de Bio-Forge e Stimulate em culturas de cereais (trigo e cevada) melhora o crescimento das raízes das plântulas, aumenta o diâmetro do caule das culturas, aumenta a espessura das folhas, melhora a ramificação da copa das culturas e melhora o desenvolvimento dos nódulos das leguminosas.

A aplicação de ambos os produtos stoller (Bio-Forge e Stimulate) ou isoladamente melhora o desempenho do crescimento de plântulas de bananeira 'lakatan' cultivadas em tecido, incluindo o diâmetro do pseudocaule.

O Bio-forge melhora a absorção de nutrientes que são essenciais para a síntese de hormonas, a perceção dos níveis hormonais e também tem impacto na duração e no grau de atividade hormonal, o que pode resultar num melhor crescimento das plantas, manifestado nas folhas, no caule, na altura e no rendimento da cultura (www.stoller.com).

Número de folhas

O quadro 6 apresenta os dados sobre o número de folhas das bananeiras 'lakatan' cultivadas em tecido, afectadas pelo Bio-Forge aos 15, 30 e 45 dias após a plantação (DAP). O resultado da análise estatística mostra efeitos altamente significativos aos 15 DAP, 30 DAP e 45 DAP (Apêndice Tabelas 5a-5f).

Tabela 6. Número de folhas de plântulas de bananeira 'lakatan' cultivadas em tecido, afectadas pelo BioForge aos 15, 30 e 45 dias após a plantação (DAP).

TRATAMENTO	15 DAP**	30 DAP**	45 DAP**
T1- Controlo (sem tratamento)	2.20^b	2.53^b	3.04^b
T2- Prática convencional	2.13^b	3.00^b	4.24^a
T3- Bio-Forge	2.40^{ab}	5.00^a	5.91^a
T4- CP + Bio-Forge	2.66^{ab}	4.60^a	5.83^a
T5- CP + Estimular	2.20^b	4.60^a	5.62^a
T6- Bio-Forge + Stimulate	2.66^{ab}	4.40^a	5.66^a
T7- CP + Bio-Forge + Estimular	3.00^a	4.86^a	5.83^a
C.V. (%) =	19.59	9.00	6.15

**= Altamente significativo

As médias na coluna com letra comum não são significativamente diferentes ao nível de 1% de probabilidade usando HSD.

Os resultados mostraram que o T7- Prática Convencional (PC) + Bio-Forge + Stimulate aumentou significativamente o número de folhas da bananeira 'lakatan' em 90% aos 15, 30 e 45 dias após a plantação (DAP). No entanto, o T7 CP + Bio-Forge + Stimulate foi comparável ao T3 Bio-Forge, T4 CP + Bio-Forge, T5 CP + Stimulate e T6 CP + Bio-Forge e Stimulate entre 15 e 45 DAP.

A prática convencional T2 e o controlo T1 (sem aplicação) também têm o mesmo resultado aos 15 e 30 DAP, enquanto a prática convencional T2 tem um maior número de folhas aos 45 DAP.

Este estudo coincide com os relatórios anteriores da Universidade A&M do Texas, em 2009, segundo os quais o Bio-Forge e o Stimulate melhoram o crescimento das plântulas, aumentam a espessura das folhas e o rendimento de várias culturas, como o milho e a soja (www.stoller.com).

Isto indica que o Bio-Forge e o Stimulate, isoladamente ou em combinação com a prática convencional (PC), aumentam o número de folhas das plântulas de bananeira 'lakatan' cultivadas em tecido.

Bio-Forge é uma formulação patenteada de N, N' - diformil ureia, classificada como antioxidante, e que demonstrou melhorar significativamente o crescimento numa variedade de culturas agrícolas, actuando ao nível genético, enquanto Stimulate contém as 3 hormonas de crescimento citocinina, auxina e ácido giberélico especificamente concebidas para impulsionar o crescimento das plantas (www.stollerusa.com).

Comprimento da raiz (cm)

A aplicação de Bio-Forge afectou significativamente o comprimento da raiz de plântulas de bananeira 'lakatan' cultivadas em tecido, como se mostra no quadro 7 (quadros 6a-6f do apêndice).

Tabela 7. Comprimento da raiz (cm) de plântulas de bananeira 'lakatan' cultivadas em tecido, afectadas pelo BioForge.

TRATAMENTO	MEIO
	Comprimento da raiz**
T1- Controlo (sem tratamento)	17.00^c
T2- Prática convencional	20.33^{bc}
T3- Bio-Forge	35.83^a
T4- CP + Bio-Forge	21.33^{bc}
T5- CP + Estimular	25.00^{abc}
T6- Bio-Forge + Stimulate	25.83^{abc}
T7- CP + Bio-Forge + Estimular	31.16^{ab}
C.V. (%) =	17.50

**= Altamente significativo

As médias na coluna com letra comum não são significativamente diferentes ao nível de 1% de probabilidade usando HSD.

Como apresentado, a aplicação de T3- Bio-Forge sozinho teve significativamente o maior comprimento de raiz de plântulas de bananeira 'lakatan' cultivadas em tecido, que é 100% maior do que o controlo. Isto é significativamente o mesmo com T5- Prática Convencional + Estimulante, T6- Bio-Forge + Estimulante e T7- Prática Convencional + Bio-Forge + Estimulante. Os comprimentos de raiz mais curtos foram observados em T1- Controlo e T2- Prática Convencional. No entanto, T2 tem o mesmo efeito com T4- Prática Convencional + Bio-Forge, T5- Prática Convencional + Stimulate, T6- Bio-Forge + Stimulate e T7- Prática Convencional + Bio-Forge + Stimulate.

Este facto está de acordo com os resultados anteriores de que o Bio-Forge melhorou o desempenho do crescimento da raiz em várias culturas, como o milho e a soja. Em 2010, a AgriServe Company realizou um estudo de teste de campo em milho em Russellville, EUA, e descobriu que, durante o estágio vegetativo, as plantas eram mais saudáveis, as folhas maiores e o comprimento da raiz maior, o que resultou em resultados positivos de rendimento, com uma média de 3,57 bushels de aumento na safra dupla e 1,59 bushel na temporada completa (www.stoller.com).

Isto implica que o Bio-Forge, por si só, aumenta o comprimento da raiz de plântulas de bananeira 'lakatan' cultivadas em tecido.

Bio-Forge melhora a emergência das plântulas com uma formulação concentrada de ácido húmico adicional para assegurar o desenvolvimento precoce das raízes e a proteção contra o stress das plantas jovens, especialmente o stress associado aos solos frios da primavera ou às condições de alagamento. Bio-Forge também promove a nodulação das raízes e a atividade dos nódulos nas leguminosas. Além disso, assegura o crescimento contínuo de novas raízes para uma absorção eficiente dos nutrientes, especialmente do azoto. Em geral, Bio-Forge melhora o equilíbrio das hormonas de crescimento das plantas para uma viabilidade celular contínua e um funcionamento ótimo da planta durante toda a sua vida (www.stoller.com).

Número de raízes

O Bio-Forge e o Stimulate afectaram significativamente o número de raízes de plântulas de bananeira 'lakatan' cultivadas em tecidos, como se mostra no quadro 8 e nos quadros 7a-7f do apêndice.

Quadro 8. Número de raízes em plântulas de bananeira 'lakatan' cultivadas em tecido, afectadas pelo BioForge.

TRATAMENTO	Média Número de raízes**
T1- Controlo (sem tratamento)	4.33^c
T2- Prática convencional	9.33^b
T3- Bio-Forge	10.66^{ab}
T4- CP + Bio-Forge	10.66^{ab}
T5- CP + Estimular	10.33^b
T6- Bio-Forge + Stimulate	10.00^b
T7- CP + Bio-Forge + Estimular	13.00^a
C.V (%) =	8.56

**= Altamente significativo

As médias na coluna com letra comum não são significativamente diferentes ao nível de 1% de probabilidade utilizando HSD.

Os resultados mostram que T7- CP + Bio-Forge + Stimulate aumentou até 3 vezes o número de raízes de plântulas de bananeira 'lakatan' cultivadas em tecido, o que é significativamente o mesmo que T3- Bio-Forge e T4- CP + Bio-Forge. Seguem-se T5- CP + Stimulate e T6 Bio-Forge + Stimulate, que têm efeitos comparáveis com T2- Prática convencional, T3- Bio-Forge, T4- CP + Bio-Forge, T5- CP + Stimulate e T6- Bio-Forge + Stimulate. Foi observado um menor número de comprimentos de raízes em T1- Controlo e T2- Prática Convencional.

Isto mais uma vez está de acordo com os resultados anteriores conduzidos em 2010 pela AgriServe Company em Murray, EUA, em soja que a aplicação de Bio-Forge e Stimulate produz significativamente plantas saudáveis e vigorosas, especialmente nos aspectos da raiz, o que resultou numa resposta positiva de rendimento com este momento de aplicação (www.stoller.com). A combinação dos dois produtos (Bio-Forge ou Stimulate) ou isoladamente aumentará com precisão o número de raízes de plântulas de bananeira 'lakatan' cultivadas em tecidos.

O Bio-Forge também promove o crescimento ideal das raízes das plantas, regulando genes-chave específicos associados ao fator de stress que garante o crescimento contínuo de novas raízes para uma absorção eficiente de nutrientes, especialmente azoto, enquanto o Stimulate contém uma combinação de 3 importantes fito-hormonas que são necessárias na divisão celular, diferenciação celular e disposição celular em todas as posições da planta, a fim de maximizar a divisão celular. É o número de células que uma planta pode sintetizar que determinará o tamanho da planta. Quanto mais células a planta sintetizar, mais ela produzirá uma melhor formação de raízes (www.stollerusa.com).

Peso fresco (gramas)

O peso fresco das plântulas de bananeira 'lakatan' cultivadas em tecido foi significativamente afetado pelos diferentes tratamentos, como se pode ver no quadro 9 e no quadro 8a-8f do apêndice.)

Tabela 9. Peso fresco (gramas) de plântulas de bananeira 'lakatan' cultivadas em tecido, afectadas pelo Bio-Forge.

TRATAMENTO	Média Peso fresco (g)**
T1- Controlo (sem tratamento)	3.03[c]
T2- Prática convencional	19.66[bc]
T3- Bio-Forge	50.43[a]
T4- CP + Bio-Forge	49.46[a]
T5- CP + Estimular	37.10[ab]
T6- Bio-Forge + Stimulate	31.66[a]
T7- CP + Bio-Forge + Estimular	53.86[a]
C.V (%) =	23.20

**= Altamente significativo

As médias na coluna com letra comum não são significativamente diferentes ao nível de 1% de probabilidade utilizando HSD.

Como demonstrado, T7- CP + Bio-Forge + Stimulate, T3- Bio-Forge e T4 CP + Bio-Forge e T6 Bio-Forge + Stimulate obtiveram até 17 vezes mais peso fresco em plântulas de bananeira 'lakatan' cultivadas em tecido, o que é comparável a T5- CP + Stimulate.

O peso fresco mais baixo em plântulas de bananeira 'lakatan' cultivadas em tecido foi observado em T1- Controlo seguido de T2- Prática Convencional, que tem o mesmo efeito com T5- CP + Stimulate.

A explicação pode ser apontada pelo relatório efectuado pela Universidade A&M do Texas. Os resultados de 3 experiências indicaram que o tratamento do solo com água contendo 0,6% de Bioforge antes do tratamento de seca aumentou a sobrevivência das plantas privadas de água numa média de 44%, o que indica que o tratamento aplicado com Bio-Forge melhorou a retenção de água da planta e resultou numa acumulação de água que tende a produzir um maior peso das plantas (www.stoller.com).

A aplicação combinada dos dois produtos (Bio-Forge ou Stimulate) ou isoladamente proporcionará maior peso às bananeiras 'lakatan' cultivadas em tecido.

O Bio-Forge demonstrou que regula as quatro enzimas que protegem as plantas dos radicais livres prejudiciais que podem ocorrer em resposta à seca, lesões causadas por herbicidas e pesticidas, deficiências de nutrientes e temperaturas extremas: Mnsuperóxido dismutase Catalase (CAT3), Dehidroascorbato redutase (DHR), Tioredoxina redutase (THR). Enquanto que Stimulate é um potenciador bioestimulante utilizado como suplemento aos nutrientes foliares. Stimulate aumenta a divisão celular, a diferenciação celular, o alargamento das células, o crescimento das raízes e a utilização de nutrientes, fazendo com que as plantas desenvolvam todo o seu potencial para obter um crescimento mais controlado e produtivo.

Peso seco (gramas)

Registaram-se diferenças significativas no peso seco das plântulas de bananeira 'lakatan' cultivadas em tecido, como se pode ver no quadro 10 e no quadro 9a-9f do apêndice.

Tabela 10. Peso seco (gramas) de plântulas de bananeira 'lakatan' cultivadas em tecido, afectadas pelo BioForge.

TRATAMENTO	Média Peso seco (g)**
T1- Controlo (sem tratamento)	0.26^c
T2- Prática convencional	2.56^{bc}
T3- Bio-Forge	5.34^{ab}
T4- CP + Bio-Forge	7.33^a
T5- CP + Estimular	4.44^{abc}
T6- Bio-Forge + Stimulate	3.83^{abc}
T7- CP + Bio-Forge + Estimular	5.0^{ab}
C.V. (%) =	35.94

**= Altamente significativo

As médias na coluna com letra comum não são significativamente diferentes ao nível de 1% de probabilidade usando HSD.

Os dados mostraram que o T4- Prática Convencional + Bio-Forge aumentou muito o peso seco das bananeiras 'lakatan' cultivadas em tecido até 28 vezes mais do que o T1- Controlo (sem tratamento). T4- Prática Convencional + Bio-Forge é comparável a T3- Bio-Forge, T5- CP + Stimulate, T6- Bio-Forge + Stimulate e T7- CP + Bio-Forge + Stimulate. Os pesos secos mais baixos foram observados em T1- Controlo e T2- Prática Convencional, que também foram estatisticamente iguais a T5- CP + Stimulate e T6- Bio-Forge + Stimulate.

Isto indica que o Bio-Forge é eficaz na absorção de carbono, o que aumenta o desempenho rápido no crescimento das plantas.

A aplicação de Bio-Forge em combinação com a prática convencional desencadeará eficazmente a absorção de carbono e a fixação de azoto.

Bio-Forge é uma hormona redutora de stress que proporciona uma absorção adequada de nutrientes importantes durante a fase de desenvolvimento das plantas. Gene Dreb1A, um gene que desempenha um papel na tolerância à seca. Ao induzir o gene principal regulador Dreb1A, uma cascata afecta, por sua vez, a regulação positiva de outros genes envolvidos na resistência à seca e a outros stresses ambientais (www.stoller.com).

RESUMO, CONCLUSÃO E RECOMENDAÇÃO

O estudo intitulado "Efeitos do Bio-Forge no desempenho do crescimento de plântulas de bananeira 'Lakatan' (Musa sp.) cultivadas em tecido em condições de viveiro" foi realizado na área de viveiro do Campus Tagum-Mabini da Universidade do Sudeste das Filipinas, Pindasan Mabini, Província de Compostela Valley, de novembro de 2014 a janeiro de 2015. Os objectivos do estudo foram os seguintes: Determinar os efeitos do Bio-Forge no desempenho do crescimento de bananeiras 'Lakatan' cultivadas em tecido; Determinar a melhor combinação de tratamento que aumentará o desempenho do crescimento de bananeiras 'Lakatan' cultivadas em tecido; e, Determinar os benefícios económicos do uso de Bio-Forge em bananeiras 'Lakatan' cultivadas em tecido.

As plantas experimentais foram dispostas em um Delineamento Inteiramente Casualizado (DIC) com sete (7) tratamentos e replicadas três (3) vezes. Cada tratamento é composto por oito (8) amostras de plântulas. Os tratamentos do estudo foram: T1- Controle (Sem Aplicação); T2- Prática Convencional (PC) (5 gramas de N-P-K a cada 15 dias); T3- Bio-Forge (aplicação foliar de 5 ml/litro de água); T4- PC + Bio-Forge (5 gramas de N-P-K + 5 ml de Bio-Forge/litro de água); T5- PC + Stimulate (5 gramas de N-P-K + 10 ml de Stimulate/litro de água); T6- Bio-Forge + Stimulate (5 ml de Bio-Forge/ L. de água + 10 ml de Stimulate/litro de água); T7- CP+ BioForge+ Stimulate (5 gramas de N-P-K + 5 ml de Bio-Forge/litro de água + 10 ml de Stimulate/litro de água). Todos os dados foram analisados através da Análise de Variância (ANOVA) e as diferenças entre os tratamentos foram calculadas através do teste da Diferença Significativa Honesta (HSD).

Com base nos resultados do estudo, a percentagem de sobrevivência e o diâmetro do pseudocaule aos 15 dias após a plantação (DAP) não foram significativamente afectados pelos diferentes tratamentos. Altura da planta, comprimento das folhas, largura das folhas, diâmetro do pseudocaule (30 e 45), número de folhas, comprimento e número de raízes, peso fresco e seco aos 15, 30 e 45 DAP têm efeitos significativos.

T7- (Prática Convencional + Bio-Forge + Stimulate) aumentou significativamente a altura da planta em 7 vezes, a largura das folhas em 3 vezes, o diâmetro do caule em 6 vezes, o número de raízes em 3 vezes, o peso fresco em 17 vezes, que foram comparáveis com T6- (Bio-Forge + Stimulate), T5- (CP + Stimulate), T4- (CP + Bio-Forge) e T3- (Bio-Forge).

T3 (Bio-Forge) teve o maior aumento de comprimento de folha em 10 vezes, comprimento de raiz em 100% que é comparável a T5- (CP + Stimulate), T6- (CP + Stimulate) e T7- (CP + Bio-Forge + Stimulate). Enquanto T4- (CP + Bio-Forge) teve o maior peso seco em 28 vezes, o que também é comparável a T3 (Bio-Forge), T5 (CP + Stimulate), T6 (Bio-Forge + Stimulate) e T7- (CP + Bio-Forge + Stimulate).

O Bio-Forge e o Stimulate aumentaram, assim, o crescimento e o rendimento das culturas, incluindo as plântulas de bananeira "lakatan" cultivadas em tecidos.

Por conseguinte, o autor recomenda a utilização de Bio-Forge e Stimulate em combinação com a prática convencional (T7) para um crescimento ótimo de plântulas de bananeira 'lakatan' cultivadas em tecidos e uma maturação mais precoce.

LITERATURA CITADA

AMEDA, S.M. (2011). Efeito do suco vegetal fermentado (FPJ) utilizando diferentes resíduos vegetais no crescimento de mudas de bananeira cultivadas em tecido Lakatan. Tese de graduação BSA não publicada. USEP-Mabini, Província do Vale de Compostela.

FERNANDO, G.B. 2013. Desempenho de crescimento da banana 'Lakatan' cultivada em tecido usando diferentes tipos de meios de cultivo. Tese de bacharelado não publicada USeP-Mabini Campus, Mampising Compostela Valley Province.

GASULLA, F. Jr. (2010). Desempenho do Crescimento de Plântulas de Banana Lakatan em Cultura de Tecidos Afetado pela Combinação de Meio de Coco Coirdust e Vermicast. Tese de graduação BSA não publicada. USEP-Mabini, Província do Vale de Compostela.

http://www.pcarrd.dost.gov.ph

Hwang, Shein Chuan e Hong Jime. (2000). *Boletim informativo do Centro de Tecnologia de Alimentos e Fertilizantes.* p. 7

PACOL, D.V. (2011). Desempenho do crescimento de plântulas de bananeira 'Cavendish' cultivadas em tecido em diferentes meios de envasamento. Tese de licenciatura BSA não publicada.

PCARRD, DOST. (2006). Manual de Produção de Banana. Série de livros no. 175.a/2006

PCARRD. (1992). *the Philippines Recommends for Banana.* p. 3.

PCARRD-DOST, LBL. (2004). *Manual de Produção de Banana.* p. 42.

Manual de Laboratório de Cultura de Tecidos de Banana da USEP, 2010

www.stollerusa.com

APÊNDICES

Apêndice Quadro 1a. Incremento em altura da planta (cm) de plântulas de bananeira 'lakatan' cultivadas em tecido
como afetado pelo Bio-Forge aos 15 dias após a plantação (DAP).

ATAMENTOS	TR	REPLICAÇÃO II	III	MEIO**
T1- Controlo (sem tratamento)	0.31	0.55	1.00	0.62[c]
T2- Prática convencional	3.10	1.76	2.15	2.33[b]
T3- Bio-Forge	4.36	3.43	4.12	3.97[a]
T4- CP + Bio-Forge	3.67	3.00	5.19	3.95[a]
T5- CP + Estimular	3.89	3.10	3.67	3.55[ab]
T6- Bio-Forge + Stimulate	3.80	3.32	4.15	3.75[a]
T7- CP + Bio-Forge + Estimular	4.06	4.13	4.57	4.25[a]

C.V. (%) = 14,75

**= Altamente significativo

As médias na coluna com letra comum não são significativamente diferentes ao nível de 1% de probabilidade usando HSD.

Apêndice Quadro 1b. Análise de variância sobre o incremento em altura da planta (cm) de plântulas de bananeira 'lakatan' cultivadas em tecido, afetadas pelo Bio-Forge aos 15 dias após o plantio (DAP).

SV	DF	SS	EM	Valor F	Pr>F
Tratamento	6	30.31	5.05	22.58**	<.0001
Erro	12	2.68	0.22		
Total corrigido	20	35.33			

C.V. (%) = 14,75
**- Altamente significativo

Apêndice Quadro 1c. Incremento da altura da planta (cm) de plântulas de bananeira 'lakatan' cultivadas em tecido, afetadas pelo Bio-Forge aos 30 dias após o plantio (DAP).

ATAMENTOS	TR	REPLICAÇÃO II	III	MEIO**
T1- Controlo (sem tratamento)	0.24	0.60	1.46	0.76[c]
T2- Prática convencional	3.60	2.44	2.15	2.73[b]
T3- Bio-Forge	4.40	4.50	5.80	4.90[a]
T4- CP + Bio-Forge	3.30	3.70	5.40	4.13[ab]
T5- CP + Estimular	4.20	4.30	4.20	4.23[ab]
T6- Bio-Forge + Stimulate	3.80	4.40	4.70	4.30[ab]
T7- CP + Bio-Forge + Estimular	3.74	4.30	5.06	4.35[a]

C.V. (%) = 15,57
**= Altamente significativo

As médias na coluna com letra comum não são significativamente diferentes ao nível de 1% de probabilidade usando HSD.

Apêndice Quadro 1d. Análise de variância do incremento em altura da planta (cm) de plântulas de bananeira 'lakatan' cultivadas em tecido, afectadas pelo Bio-Forge aos 30 dias após a plantação (DAP)

SV	DF	SS	EM	Valor F	Pr>F
Tratamento	6	36.03	6.00	18.61**	<.0001
Erro	12	3.87	0.32		
Total corrigido	20	42.73			

C.V. (%) = 15,57
**- Altamente significativo

Apêndice Quadro 1e. Incremento da altura da planta (cm) de plântulas de bananeira 'lakatan' cultivadas em tecido, afetadas pelo Bio-Forge aos 45 dias após o plantio (DAP).

	TR	REPLICAÇÃO		
ATAMENTOS		II	III	MEIO**
T1- Controlo (sem tratamento)	0.36	0.5	0.89	0.58[c]
T2- Prática convencional	1.89	1.25	1.80	1.64[c]
T3- Bio-Forge	4.32	3.00	3.00	3.44[ab]
T4- CP + Bio-Forge	4.04	3.50	4.92	4.15[a]
T5- CP + Estimular	3.58	2.00	3.14	2.90[b]
T6- Bio-Forge + Stimulate	3.44	3.24	3.60	3.39[ab]
T7- CP + Bio-Forge + Estimular	4.42	4.00	4.38	4.26[a]

C.V. (%) = 14,96

* *= Altamente significativo

As médias na coluna com letra comum não são significativamente diferentes ao nível de 1% de probabilidade usando HSD.

Apêndice Quadro 1f. Análise de variância do incremento em altura da planta (cm) de plântulas de bananeira 'lakatan' cultivadas em tecido, afetadas pelo Bio-Forge aos 45 dias após o plantio (DAP).

SV	DF	SS	EM	Valor F	Pr>F
Tratamento	6	32.73	5.45	28.70**	<.0001
Erro	12	2.28	0.19		
Total corrigido	20	36.81			

C.V. (%) = 14,96
**-Altamente significativo

Apêndice Quadro 2a. Incremento do comprimento das folhas (cm) de plântulas de bananeira 'lakatan' cultivadas em tecido, afetado pelo Bio-Forge aos 15 dias após a plantação (DAP).

ATAMENTOS	TR	REPLICAÇÃO II	III	MEIO**
T1- Controlo (sem tratamento)	0.20	0.35	1.05	0.53[b]
T2- Prática convencional	2.22	1.50	1.45	1.72[bc]
T3- Bio-Forge	6.75	4.51	3.56	4.94[a]
T4- CP + Bio-Forge	5.56	4.87	4.23	4.88[a]
T5- CP + Estimular	5.20	4.34	3.50	4.34[a]
T6- Bio-Forge + Stimulate	2.89	3.89	4.50	3.76[ab]
T7- CP + Bio-Forge + Estimular	4.07	2.67	2.78	3.17[ab]

C.V. (%) = 24,86

*   *= Altamente significativo

As médias na coluna com letra comum não são significativamente diferentes ao nível de 1% de probabilidade usando HSD.

Apêndice Quadro 2b. Análise de variância sobre o incremento do comprimento das folhas (cm) de plântulas de bananeira 'lakatan' cultivadas em tecido, afectadas pelo Bio-Forge aos 15 dias após a plantação (DAP).

SV	DF	SS	EM	Valor F	Pr>F
Tratamento	6	49.98	8.33	12.09**	0.0002
Erro	12	8.26	0.68		
Total corrigido	20	60.99			

C.V. (%) = 24,86
**- Altamente significativo

Apêndice Quadro 2c. Incremento do comprimento das folhas (cm) de plântulas de bananeira 'lakatan' cultivadas em tecido, afectadas pelo Bio-Forge aos 30 dias após a plantação (DAP).

ATAMENTOS	TR	REPLICAÇÃO II	III	MEIO**
T1- Controlo (sem tratamento)	0.52	0.56	1.07	0.71[c]
T2- Prática convencional	4.54	4.70	3.44	4.22[b]
T3- Bio-Forge	8.76	8.06	8.14	8.32[a]
T4- CP + Bio-Forge	7.54	5.70	7.04	6.76[ab]
T5- CP + Estimular	8.48	5.68	6.40	6.85[ab]
T6- Bio-Forge + Stimulate	4.80	5.26	8.70	6.25[ab]
T7- CP + Bio-Forge + Estimular	7.80	5.84	6.04	6.56[ab]

C.V. (%) = 20,00
**= Altamente significativo

As médias na coluna com letra comum não são significativamente diferentes ao nível de 1% de probabilidade usando HSD.

Apêndice Tabela 2d. Análise de variância sobre o incremento do comprimento das folhas (cm) de plântulas de bananeira 'lakatan' cultivadas em tecido, afectadas pelo Bio-Forge aos 30 dias após a plantação (DAP).

SV	DF	SS	EM	Valor F	Pr>F
Tratamento	6	112.08	18.68	14.51**	<.0001
Erro	12	15.44	1.28		
Total corrigido	20	130.95			

C.V. (%) = 20,00
**-Altamente significativo

Apêndice Quadro 2e. Incremento do comprimento das folhas (cm) de plântulas de bananeira 'lakatan' cultivadas em tecido, afetado pelo Bio-Forge aos 45 dias após a plantação (DAP).

TAMENTOS	TRA	REPLICAÇÃO II	III	MEIO**
T1- Controlo (sem tratamento)	0.48	1.64	1.64	1.25[b]
T2- Prática convencional	4.10	3.14	3.12	3.45[ab]
T3- Bio-Forge	13.65	5.44	6.94	8.67[a]
T4- CP + Bio-Forge	6.66	7.50	7.10	7.08[ab]
T5- CP + Estimular	5.80	7.40	5.60	6.26[ab]
T6- Bio-Forge + Stimulate	4.40	8.10	6.90	6.46[ab]
T7- CP + Bio-Forge + Estimular	5.30	7.40	5.76	6.15[a]

C.V. (%) = 36,47

* *= Altamente significativo

As médias na coluna com letra comum não são significativamente diferentes ao nível de 1% de probabilidade usando HSD.

Apêndice Quadro 2f. Análise de variância do aumento do comprimento das folhas (cm) de plântulas de bananeira 'lakatan' em cultura de tecidos, afetado pelo Bio-Forge aos 45 dias após a plantação (DAP).

SV	DF	SS	EM	Valor F	Pr>F
Tratamento	6	110.02	18.33	4.36**	0.0145
Erro	12	50.48	4.20		
Total corrigido	20	161.64			

C.V. (%) = 36,47
**- Altamente significativo

Apêndice Quadro 3a. Incremento da largura das folhas (cm) de plântulas de bananeira 'lakatan' cultivadas em tecido, afectadas pelo Bio-Forge aos 15 dias após a plantação (DAP).

ATAMENTOS	TR	REPLICAÇÃO II	III	MEIO*
T1- Controlo (sem tratamento)	1.08	0.38	1.26	0.90[b]
T2- Prática convencional	0.86	0.76	1.56	1.06[b]
T3- Bio-Forge	1.76	1.56	2.12	1.81[ab]
T4- CP + Bio-Forge	1.74	2.54	1.88	2.05[ab]
T5- CP + Estimular	1.48	2.38	1.52	1.79[ab]
T6- Bio-Forge + Stimulate	3.04	1.44	2.00	2.16[ab]
T7- CP + Bio-Forge + Estimular	2.48	2.16	3.80	2.81[a]

C.V. (%) = 32,35

* = Significativo

As médias na coluna com letra comum não são significativamente diferentes ao nível de 5% de probabilidade usando HSD.

Apêndice Quadro 3b. Análise de variância do incremento da largura das folhas (cm) de plântulas de bananeira 'lakatan' em cultura de tecidos, afetado pelo Bio-Forge aos 15 dias após a plantação (DAP).

SV	DF	SS	EM	Valor F	Pr>F
Tratamento	6	7.69	1.28	3.78*	0.0238
Erro	12	4.07	0.33		
Total corrigido	20	12.38			

C.V. (%) = 32,35
*- Significativo

Apêndice Quadro 3c. Incremento da largura das folhas (cm) de plântulas de bananeira 'lakatan' cultivadas em tecido, afectadas pelo Bio-Forge aos 30 dias após a plantação (DAP).

ATAMENTOS	TR	REPLICAÇÃO II	III	MEIO*
T1- Controlo (sem tratamento)	1.60	0.46	1.04	1.03[c]
T2- Prática convencional	1.50	2.62	1.01	1.71[bc]
T3- Bio-Forge	4.42	4.88	4.68	4.66[a]
T4- CP + Bio-Forge	3.72	2.68	3.96	3.45[ab]
T5- CP + Estimular	3.92	3.12	2.54	3.19[abc]
T6- Bio-Forge + Stimulate	2.20	1.80	4.24	2.74[abc]
T7- CP + Bio-Forge + Estimular	4.12	2.00	2.76	2.96[abc]

C.V. (%) = 29,97
**= Altamente significativo

As médias na coluna com letra comum não são significativamente diferentes ao nível de 5% de probabilidade usando HSD.

Apêndice Quadro 3d. Análise de variância do incremento da largura das folhas (cm) de plântulas de bananeira 'lakatan' em cultura de tecidos, afetado pelo Bio-Forge aos 30 dias após a plantação (DAP).

SV	DF	SS	EM	Valor F	Pr>F
Tratamento	6	25.12	4.18	5.85**	0.0047
Erro	12	8.59	0.71		
Total corrigido	20	34.86			

C.V. (%) = 29,97
**- Altamente significativo

Apêndice Quadro 3e. Incremento da largura das folhas (cm) de bananeiras 'lakatan' cultivadas em tecido, afectadas pelo Bio-Forge aos 45 dias após a plantação (DAP)

ATAMENTOS	TR	REPLICAÇÃO			
			II	III	MEIO*
T1- Controlo (sem tratamento)	0.32	0.26		0.36	0.31^b
T2- Prática convencional	2.80		2.14	1.04	1.99^{ab}
T3- Bio-Forge	3.40		2.50	2.16	2.68^{ab}
T4- CP + Bio-Forge	2.86	4.00		3.30	3.38^{ab}
T5- CP + Estimular	3.24	4.04		3.60	3.62^a
T6- Bio-Forge + Stimulate	3.84	5.92		5.70	5.15^a
T7- CP + Bio-Forge + Estimular	1.76	6.00		6.10	4.62^a

C.V. (%) =36,02

**= Altamente significativo

As médias na coluna com letra comum não são significativamente diferentes ao nível de 5% de probabilidade usando HSD.

Apêndice Tabela 3f. Análise de variância do incremento médio da largura das folhas (cm) de plântulas de bananeira 'lakatan' cultivadas em tecido, afectadas pelo Bio-Forge aos 45 dias após a plantação.

SV	DF	SS	EM	Valor F	Pr>F
Tratamento	6	48.13	8.02	6.39**	0.0033
Erro	12	15.07	1.25		
Total corrigido	20	66.41			

C.V. (%) = 36,02
**- Altamente significativo

Apêndice Quadro 4a. Incremento do diâmetro do pseudocaule (cm) de plântulas de bananeira 'lakatan' cultivadas em tecido, afetado pelo Bio-Forge aos 15 dias após a plantação (DAP).

ATAMENTOS	TR	REPLICAÇÃO II	III	MEIO[ns]
T1- Controlo (sem tratamento)	0.12	0.16	0.02	0.10
T2- Prática convencional	0.12	0.16	0.22	0.16
T3- Bio-Forge	0.24	0.24	0.02	0.16
T4- CP + Bio-Forge	0.32	0.24	0.24	0.26
T5- CP + Estimular	0.24	0.02	0.22	0.16
T6- Bio-Forge + Stimulate	0.28	0.14	0.28	0.23
T7- CP + Bio-Forge + Estimular	0.32	0.03	0.34	0.23

C.V. (%) = 53,90

[ns]= Não significativo

Apêndice Tabela 4b. Análise de variância do incremento em diâmetro do pseudocaule (cm) de plântulas de bananeira 'lakatan' cultivadas em tecido, afetadas pelo Bio-Forge aos 15 dias após o plantio (DAP).

SV	DF	SS	EM	Valor F	Pr>F
Tratamento	6	0.05	0.009	0.94[ns]	0.5044
Erro	12	0.12	0.01		
Total corrigido	20	0.21			

C.V. (%) = 53,90
[ns]- Não significativo

Apêndice Quadro 4c. Incremento do diâmetro do pseudocaule (cm) de plântulas de bananeira 'lakatan' cultivadas em tecido, afetado pelo Bio-Forge aos 30 dias após o plantio (DAP).

ATAMENTOS	TR	REPLICAÇÃO II	III	MEIO*
T1- Controlo (sem tratamento)	0.03	0.32	0.02	0.12[b]
T2- Prática convencional	0.48	0.34	0.22	0.34[ab]
T3- Bio-Forge	0.28	0.44	0.52	0.41[ab]
T4- CP + Bio-Forge	0.22	0.46	0.42	0.36[ab]
T5- CP + Estimular	0.32	0.46	0.42	0.40[ab]
T6- Bio-Forge + Stimulate	0.48	0.38	0.40	0.42[ab]
T7- CP + Bio-Forge + Estimular	0.38	0.56	0.52	0.48[a]

C.V. (%) = 30,21
*=Significativo

As médias na coluna com letra comum não são significativamente diferentes ao nível de 5% de probabilidade usando HSD.

Apêndice Tabela 4d. Análise de variância do incremento em diâmetro do pseudocaule (cm) de plântulas de bananeira 'lakatan' cultivadas em tecido, afetadas pelo Bio-Forge aos 30 dias após o plantio.

SV	DF	SS	EM	Valor F	Pr>F
Tratamento	6	0.24	0.04	3.29*	0.0375
Erro	12	0.14	0.01		
Total corrigido	20	0.42			

C.V. (%) = 30,21
*- Significativo

Apêndice Quadro 4e. Incremento do diâmetro do pseudocaule (cm) de plântulas de bananeira 'lakatan' cultivadas em tecido, afetado pelo Bio-Forge aos 45 dias após a plantação (DAP).

TRATAMENTOS	TR	REPLICAÇÃO	II	III	MEIO**
T1- Controlo (sem tratamento)	0.16	0.08		0.06	0.10[b]
T2- Prática convencional	0.16		0.14	0.01	0.10[b]
T3- Bio-Forge	0.28		0.16	0.24	0.22[b]
T4- CP + Bio-Forge	0.50	0.36		0.42	0.42[ab]
T5- CP + Estimular	0.42	0.36		0.46	0.41[ab]
T6- Bio-Forge + Stimulate	0.32	0.88		0.76	0.65[a]
T7- CP + Bio-Forge + Estimular	0.86	0.64		0.74	0.74[a]

C.V. (%) = 36,98

**= Altamente significativo

As médias na coluna com letra comum não são significativamente diferentes ao nível de 1% de probabilidade usando HSD.

Apêndice Tabela 4f. Análise de variância do incremento em diâmetro do pseudocaule (cm) de plântulas de bananeira 'lakatan' cultivadas em tecido, afetadas pelo Bio-Forge aos 45 dias após o plantio.

SV	DF	SS	EM	Valor F	Pr>F
Tratamento	6	1.17	0.19	9.82**	0.0005
Erro	12	0.23	0.01		
Total corrigido	20	1.41			

C.V. (%) =36,98

Apêndice Quadro 5a. Número de folhas de plântulas de bananeira 'lakatan' cultivadas em tecido, afectadas pelo Bio-Forge aos 15 dias após a plantação (DAP).

ATAMENTOS	TR	REPLICAÇÃO II	III	MEIO**
T1- Controlo (sem tratamento)	2.00	2.00	2.60	2.20[b]
T2- Prática convencional	2.00	2.00	2.40	2.13[b]
T3- Bio-Forge	2.80	2.20	2.20	2.40[ab]
T4- CP + Bio-Forge	3.20	2.40	2.40	2.66[ab]
T5- CP + Estimular	2.20	2.40	2.00	2.20[b]
T6- Bio-Forge + Stimulate	2.80	2.00	3.20	2.66[ab]
T7- CP + Bio-Forge + Estimular	3.20	2.60	3.20	3.00[a]

C.V. (%) = 19,59

**= Altamente significativo

As médias na coluna com letra comum não são significativamente diferentes ao nível de 1% de probabilidade usando HSD.

Apêndice Quadro 5b. Análise de variância do número de folhas de plântulas de bananeira 'lakatan' cultivadas em tecido, afectadas pelo Bio-Forge aos 15 dias após a plantação (DAP).

SV	DF	SS	EM	Valor F	Pr>F
Tratamento	6	30.31	5.05	22.58**	<.0001
Erro	12	2.68	0.22		
Total corrigido	20	35.33			

C.V. (%) = 19,59
**- Altamente significativo

Apêndice Quadro 5c. Número de folhas de plântulas de bananeira 'lakatan' cultivadas em tecido, afectadas pelo Bio-Forge aos 30 dias após a plantação (DAP).

ATAMENTOS	TR	REPLICAÇÃO II	III	MEIO**
T1- Controlo (sem tratamento)	2.80	2.20	2.60	2.53[b]
T2- Prática convencional	2.80	3.20	3.00	3.00[b]
T3- Bio-Forge	5.20	4.80	5.00	5.00[a]
T4- CP + Bio-Forge	4.80	4.20	4.80	4.60[a]
T5- CP + Estimular	4.40	4.60	4.80	4.60[a]
T6- Bio-Forge + Stimulate	4.60	3.60	5.00	4.40[a]
T7- CP + Bio-Forge + Estimular	5.00	4.80	4.80	4.86[a]

C.V. (%) = 9,00
**= Altamente significativo

As médias na coluna com letra comum não são significativamente diferentes ao nível de 1% de probabilidade usando HSD.

Apêndice Quadro 5d. Análise de variância do número de folhas em plântulas de bananeira 'lakatan' cultivadas em tecido, afectadas pelo Bio-Forge aos 30 dias após a plantação (DAP).

SV	DF	SS	EM	Valor F	Pr>F
Tratamento	6	36.03	6.00	18.61**	<.0001
Erro	12	3.87	0.32		
Total corrigido	20	42.73			

C.V. (%) = 9,00
** Altamente significativo

Apêndice Quadro 5e. Número de folhas de plântulas de bananeira 'lakatan' cultivadas em tecido, afectadas pelo Bio-Forge aos 45 dias após a plantação (DAP).

| ATAMENTOS | TR | REPLICAÇÃO | | |
	I	II	III	MEIO**
T1- Controlo (sem tratamento)	3.50	2.00	3.62	3.04[b]
T2- Prática convencional	2.00	5.37	5.37	4.24[a]
T3- Bio-Forge	5.87	5.87	6.00	5.91[a]
T4- CP + Bio-Forge	5.87	5.87	5.75	5.83[a]
T5- CP + Estimular	5.87	5.25	5.75	5.62[a]
T6- Bio-Forge + Stimulate	5.62	5.62	5.75	5.66[a]
T7- CP + Bio-Forge + Estimular	5.75	5.87	5.87	5.83[a]

C.V. (%) = 6,15

**= Altamente significativo

As médias na coluna com letra comum não são significativamente diferentes ao nível de 1% de probabilidade usando HSD.

Apêndice Quadro 5f. Análise de variância do número de folhas em plântulas de bananeira 'lakatan' cultivadas em tecido, afectadas pelo Bio-Forge aos 45 dias após a plantação (DAP).

SV	DF	SS	EM	Valor F	Pr>F
Tratamento	6	32.73	5.45	28.70**	<.0001
Erro	12	2.28	0.19		
Total corrigido	20	36.81			

C.V. (%) = 6,15
**- Altamente significativo

Apêndice Quadro 6a. Comprimento da raiz (cm) de plântulas de bananeira 'lakatan' cultivadas em tecido, afectadas pelo Bio-Forge.

TAMENTOS	TRA	REPLICAÇÃO II	III	MEIO**
T1- Controlo (sem tratamento)	10.00	16.00	25.00	17.00^c
T2- Prática convencional	18.00	18.00	25.00	20.33^{bc}
T3- Bio-Forge	37.00	30.00	40.50	35.83^a
T4- CP + Bio-Forge	22.50	22.00	19.50	21.33^{bc}
T5- CP + Estimular	18.50	24.50	32.00	25.00^{abc}
T6- Bio-Forge + Stimulate	16.50	31.00	30.00	25.83^{abc}
T7- CP + Bio-Forge + Estimular	25.00	33.00	35.50	31.16^{ab}

C.V. (%) = 17,50

* *= Altamente significativo

As médias na coluna com letra comum não são significativamente diferentes ao nível de 1% de probabilidade usando HSD.

Apêndice Quadro 6b. Análise de variância do comprimento da raiz (cm) de plântulas de bananeira 'lakatan' cultivadas em tecido, afectadas pelo Bio-Forge.

SV	DF	SS	EM	Valor F	Pr>F
Tratamento	6	764.95	127.49	6.54**	0.0029
Erro	12	233.83	19.48		
Total corrigido	20	1256.78			

C.V. (%) = 17,50
**- Altamente significativo

Apêndice Quadro 7a. Número de raízes de plântulas de bananeira 'lakatan' cultivadas em tecido, afectadas pelo Bio-Forge.

TAMENTOS	TRA	REPLICAÇÃO II	III	MEIO**
T1- Controlo (sem tratamento)	3.00	4.00	6.00	4.33^c
T2- Prática convencional	10.00	8.00	10.00	
T3- Bio-Forge	10.00	10.00	12.00	10.66^{ab}
T4- CP + Bio-Forge	10.00	11.00	11.00	10.66^{ab}
T5- CP + Estimular	11.00	9.00	11.00	10.33^b
T6- Bio-Forge + Stimulate	10.00	10.00	10.00	10.00^b
T7- CP + Bio-Forge + Estimular	13.00	13.00	13.00	13.00^a

C.V. (%) = 8,56
**= Altamente significativo

As médias na coluna com letra comum não são significativamente diferentes ao nível de 1% de probabilidade usando HSD.

Apêndice Quadro 7b. Análise de variância do número de raízes de plântulas de bananeira 'lakatan' cultivadas em tecido, afectadas pelo Bio-Forge.

SV	DF	SS	EM	Valor F	Pr>F
Tratamento	6	126.47	21.07	30.18**	<.0001
Erro	12	8.38	0.69		
Total corrigido	20	139.80			

C.V. (%) = 8,56
**- Altamente significativo

Apêndice Quadro 8a. Peso fresco (gramas) de plântulas de bananeira 'lakatan' cultivadas em tecido, afectadas pelo Bio-Forge.

TAMENTOS	TRA	REPLICAÇÃO		
		II	III	MEIO**
T1- Controlo (sem tratamento)	2.70	2.10	4.30	3.03^c
T2- Prática convencional	16.60	23.50	18.90	19.66^{bc}
T3- Bio-Forge	39.70	48.00	63.60	50.43^a
T4- CP + Bio-Forge	44.00	56.50	47.90	49.46^a
T5- CP + Estimular	37.60	34.80	38.90	37.10^{ab}
T6- Bio-Forge + Stimulate	34.40	32.30	28.30	31.66^a
T7- CP + Bio-Forge + Estimular	48.00	40.80	72.80	53.86^a

C.V. (%) = 23,20

* *= Altamente significativo

As médias na coluna com letra comum não são significativamente diferentes ao nível de 1% de probabilidade usando HSD.

Apêndice Quadro 8b. Análise de variância do peso fresco (gramas) de plântulas de bananeira 'lakatan' cultivadas em tecido, afetado pelo Bio-Forge.

SV	DF	SS	EM	Valor F	Pr>F
Tratamento	6	6227.74	1037.95	15.71**	<.0001
Erro	12	793.04	66.08		
Total corrigido	20	7222.92			

C.V. (%) = 23,20
**- Altamente significativo

Apêndice Quadro 9a. Peso seco (gramas) de plântulas de bananeira 'lakatan' cultivadas em tecido, afectadas pelo Bio-Forge.

ATAMENTOS	TR	REPLICAÇÃO II	III	MEIO**
T1- Controlo (sem tratamento)	1.00	0.20	0.50	0.26^c
T2- Prática convencional	1.30	5.00	1.40	2.56^{bc}
T3- Bio-Forge	4.10	4.12	7.80	5.34^{ab}
T4- CP + Bio-Forge	6.70	8.80	6.50	7.33^a
T5- CP + Estimular	4.32	5.60	3.40	4.44^{abc}
T6- Bio-Forge + Stimulate	3.00	3.30	5.20	3.83^{abc}
T7- CP + Bio-Forge + Estimular	6.00	4.00	5.00	5.00^{ab}

C.V. (%) = 35,94

* *= Altamente significativo

As médias na coluna com letra comum não são significativamente diferentes ao nível de 1% de probabilidade usando HSD.

Apêndice Quadro 9b. Análise de variância do peso seco (gramas) de plântulas de bananeira 'lakatan' cultivadas em tecido, afectadas pelo Bio-Forge.

SV	DF	SS	EM	Valor F	Pr>F
Tratamento	6	90.10	15.01	6.88**	0.0024
Erro	12	26.20	2.18		
Total corrigido	20	118.68			

C.V. (%) = 35,94
**- Altamente significativo

Apêndice Figura 1. A área experimental na USEP, Mabini, Província de ComVal.

Apêndice Figura 2. Desempenho do crescimento de plântulas de bananeira 'lakatan' cultivadas em tecido,

afetado pelo Bio-Forge.

Printed by Books on Demand GmbH, Norderstedt / Germany